我要去太空 中国航天科学漫画

起飞！火箭发射

懂懂鸭 著/绘

童趣出版有限公司编　　人民邮电出版社出版

北　京

图书在版编目（ＣＩＰ）数据

起飞！火箭发射 / 懂懂鸭著、绘 ；童趣出版有限公司编. -- 北京 ：人民邮电出版社，2023.3
（我要去太空. 中国航天科学漫画）
ISBN 978-7-115-61062-1

Ⅰ. ①起… Ⅱ. ①懂… ②童… Ⅲ. ①火箭发射－少儿读物 Ⅳ. ①V554-49

中国国家版本馆CIP数据核字(2023)第016171号

著 / 绘：懂懂鸭
责任编辑：刘佳娣
责任印制：李晓敏
封面设计：韩木华
排版制作：北京胜杰文化发展有限公司

编 ：童趣出版有限公司
出 版：人民邮电出版社
地 址：北京市丰台区成寿寺路 11 号邮电出版大厦（100164）
网 址：www.childrenfun.com.cn

读者热线：010-81054177
经销电话：010-81054120

印 刷：北京宝隆世纪印刷有限公司
开 本：710×1000 1/16
印 张：2.75
字 数：40 千字
版 次：2023 年 3 月第 1 版 2023 年 3 月第 1 次印刷
书 号：ISBN 978-7-115-61062-1
定 价：20.00 元

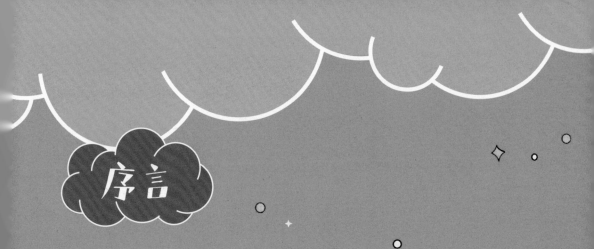

序言

　　我国航天产业的多个工程被列为"科技前沿领域攻关项目"，如火星和小行星探测工程、新一代重型运载火箭和重复使用航天运输系统、探月工程等。2021年我国航天发射次数达55次，位居世界第一。2022年我国空间站"T"字基本构型组装完成。"天和"升空、"天问"奔火、"羲和"探日……太空探索越来越热闹。

　　"我要去太空 中国航天科学漫画"（全8册）讲解了目前航天领域最热门的前沿技术，用孩子们喜欢的画风和平实的语言科普关于航天员、火箭、载人飞船、空间站、人造卫星、探月工程、火星探测、深空探测的航天知识，让孩子们对航天科技感兴趣，感受航天科技给未来生活带来的无限可能，激发孩子们对宇宙的探索欲望。

　　本套书不会直述枯燥、难懂的概念和定理，而是将它们以简洁易懂的语言表述出来。比如，书中将玉兔号的核热源形容为日常生活中常见的"暖宝宝"，用简洁、

形象的图像解读测月雷达的工作原理等。这样的例子贯穿全书，让孩子们可以轻松理解高深的知识。

本套书以孩子们的视角介绍前沿的航天科技，而不是站在高处自说自话；将专业术语通过对比、比喻以及场景化的表达方式结合精准的画面（简笔画画风）表述出来，让孩子们读起来没有压力，同时又很有代入感。比如，书中称玉兔号的行进速度就跟地球上堵车时汽车缓慢前进的速度差不多。

本套书内容聚焦最新的中国航天科技，正文内容串联起了 200 多组航天相关知识问答，加上附赠的"课本里的航天科技""中国航天大事记"，旨在帮助孩子们延伸学习，汲取更多相关学科知识。

全国空间探测技术首席科学传播专家

附赠

课本里的航天科技
中国航天大事记

目录

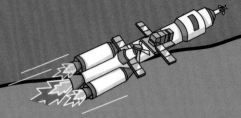

亲爱的＿＿＿＿＿＿小朋友：

你好！

我是懂懂鸭，将会和你一起学习和探索航天知识。

希望这本书能让你了解到更多的航天知识，感受航天科技给未来生活带来的无限可能。还在等什么？快来跟我一起开启阅读之旅吧！

你的朋友：懂懂鸭

是谁发明了火箭?

大家好，我是懂懂鸭。你知道火箭是谁发明的吗?

最早的火箭是一种武器，由三国时期的武器专家郝昭发明。

郝昭让将士们把普通的弓箭做成火箭，击败了诸葛亮。

古代火箭和现代火箭的基本原理都是利用火药燃烧产生的反作用力让火箭前进。

宋朝时，人们利用火药燃烧生成气体产生的反作用力推出火箭，攻击敌人。

明朝时的火箭"火龙出水"，射程为 1~1.5 千米，使用时先燃烧外面的大火箭，接着点燃里面的小火箭，万箭齐发，威力很强。

"火箭奠基者" 长征一号

你知道中国第一枚现代火箭吗?

长征系列运载火箭是中国航天运载火箭的总名称,到现在已经更新至第四代了。

第一代运载火箭以长征一号为代表。

谢谢你来送我!

快去完成你们的任务吧!

长征一号是为发射人造卫星而制造的,它成功地把东方红一号卫星和实践一号卫星送入了太空。

长征一号采用的是三级火箭技术，一二子级使用液体燃料，三子级使用固体燃料。

整流罩

三子级

二子级

一子级

卫星
发动机
燃料箱
氧化剂箱
发动机
杆系

氧化剂箱

燃料箱

发动机
尾翼

它所采用的技术虽然不够先进，却是中国航天人勇敢迈出的第一步啊！

你知道吗？长征一号就是在东风-4弹道导弹的基础上研发成功的。

发射成功，成功率95%以上！

第一代火箭是中国现代火箭事业的开端，虽然技术水平有限，却为后来的火箭发展奠定了基础。

了不起的"长二"系列火箭

第一代火箭研发成功后,我们马不停蹄地研发了第二代火箭!

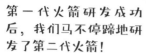

第二代火箭进行了很多技术上的改良,比如使用了数字控制系统。

看我的!

发射成功,成功率97%以上!

我要起飞啦!

助推器高15米,直径为2.25米。

中国第一枚"金牌火箭"长征二号丙火箭的发射成功率超过97%,它在1998年就达到了"金牌火箭"的国际标准。

长征二号捆绑式火箭是中国第一枚大型两级捆绑式运载火箭,其在一子级外部捆绑有4个助推器。

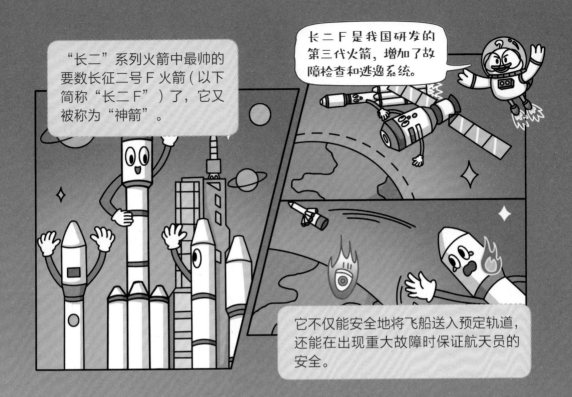

"长二"系列火箭中最帅的要数长征二号F火箭（以下简称"长二F"）了，它又被称为"神箭"。

长二F是我国研发的第三代火箭，增加了故障检查和逃逸系统。

它不仅能安全地将飞船送入预定轨道，还能在出现重大故障时保证航天员的安全。

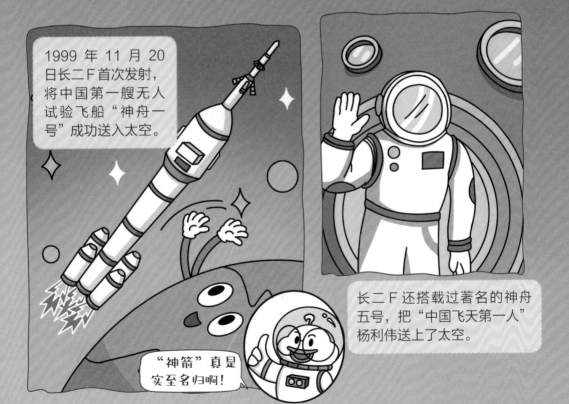

1999年11月20日长二F首次发射，将中国第一艘无人试验飞船"神舟一号"成功送入太空。

长二F还搭载过著名的神舟五号，把"中国飞天第一人"杨利伟送上了太空。

"神箭"真是实至名归啊！

大国重器"胖五"

直径约5米箭体结构，

全长约57米，

起飞质量约870吨。

其实我不胖，我只是有点壮！

这是长征家族的五哥——长征五号，因为体形巨大，又被称作"胖五"。

长征五号的出现，把我国火箭的最大运载能力提高了3倍，"胖五"真是大力士！

第四代火箭采用无毒无污染推进剂和先进的电气设备，大大提高了运载能力。长征五号就是其中的代表。

深空探测

合作愉快！

空间站建设

我是最有力气的！

行星探测

月球，我来看你啦！

嫦娥五号就是被长征五号送上天的！

新一代中型火箭长征七号

我的舞台我做主!

好厉害啊!

长征七号是中国首枚数字化火箭,其飞行全程都是自主控制的,是一枚自己说了算的"智慧"火箭。

长征七号从设计到生产都在全三维数字平台上完成,就像从"连环画"时代过渡到了"3D电影"时代。

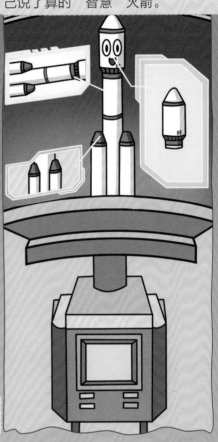

无论是在动力系统方面,还是在可靠性等方面,长征七号都实现了技术创新。

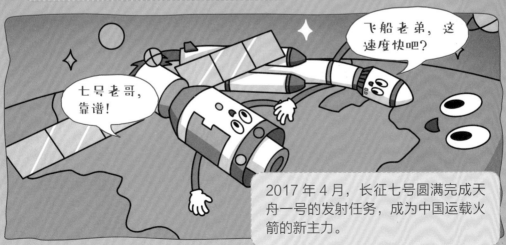

飞船老弟,这速度快吧?

七号老哥,靠谱!

2017年4月,长征七号圆满完成天舟一号的发射任务,成为中国运载火箭的新主力。

"一箭多星" 长征八号

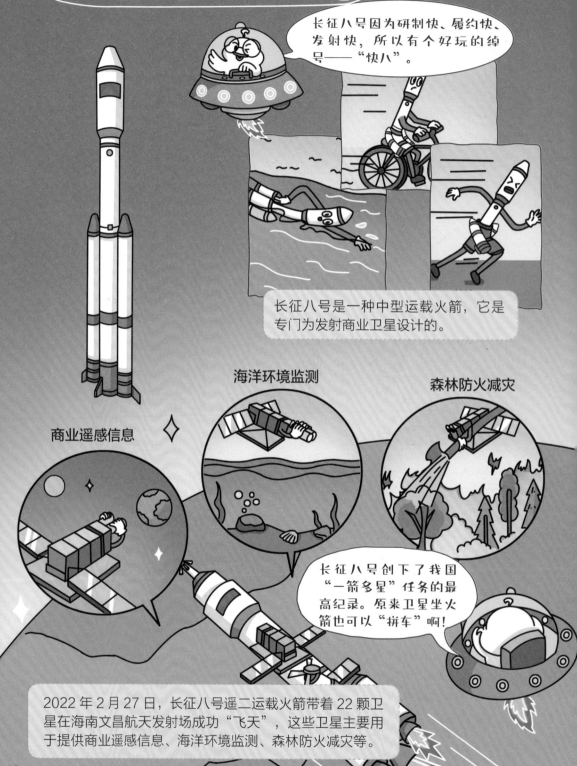

长征八号因为研制快、履约快、发射快，所以有个好玩的绰号——"快八"。

长征八号是一种中型运载火箭，它是专门为发射商业卫星设计的。

商业遥感信息

海洋环境监测

森林防火减灾

长征八号创下了我国"一箭多星"任务的最高纪录。原来卫星坐火箭也可以"拼车"啊！

2022年2月27日，长征八号遥二运载火箭带着22颗卫星在海南文昌航天发射场成功"飞天"，这些卫星主要用于提供商业遥感信息、海洋环境监测、森林防火减灾等。

"海箭" 长征十一号

在长征十一号之前，中国长征系列运载火箭已经成功发射近 200 次，但是还没有发射过固体火箭。

长征十一号是中国长征系列首枚固体运载火箭。相比液体火箭，它更灵活快速，从测试到发射，一天就可以完成。

准备就绪！

发射！

因为具有这个特点，长征十一号非常适合发射快速应急卫星，以及在自然灾害、突发事件等情况下发射微小卫星。

2019 年 6 月 5 日，长征十一号首次在海上成功发射，成为中国第一枚"海箭"。

"神箭" 长征二号 F 火箭主要用于发射载人飞船。

火箭的技术越来越先进, 它们的用途也越来越多了。

神舟五号

长征二号丁火箭主要用于发射执行近地轨道任务的卫星。

悟空号卫星

墨子号卫星

嫦娥三号月球探测器

长征三号乙火箭除了可以发射轨道卫星, 也可以发射月球探测器。

13

"小而美"的商业火箭

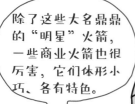

除了这些大名鼎鼎的"明星"火箭，一些商业火箭也很厉害，它们体形小巧、各有特色。

快舟一号

个子小却身手敏捷，擅长发射 300 千克级小型卫星，经常执行"一箭双星"，甚至"一箭多星"任务。

双曲线一号

民营企业出身，制造成本低，服务方式灵活，曾在 2018 年创造民营商业航天首次"一箭多星"发射纪录。

谷神星一号

擅长发射微小卫星。2021 年 12 月，它一口气把 5 颗小卫星送上了太空轨道。

新一代载人运载火箭

为了让中国的航天事业保持世界领先地位，科学家争分夺秒地研制新一代火箭。

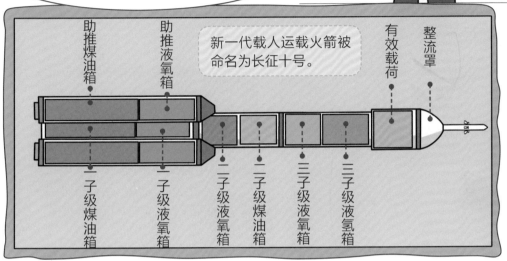

新一代载人运载火箭被命名为长征十号。

助推煤油箱

助推液氧箱

有效载荷

整流罩

一子级煤油箱

一子级液氧箱

二子级液氧箱

二子级煤油箱

三子级液氧箱

三子级液氢箱

新一代载人运载火箭全长约88.5米，起飞质量约2187吨，地月转移轨道运载能力不小于27吨。

新一代载人运载火箭的"举重"能力比长征五号强。

如何组装一枚火箭？

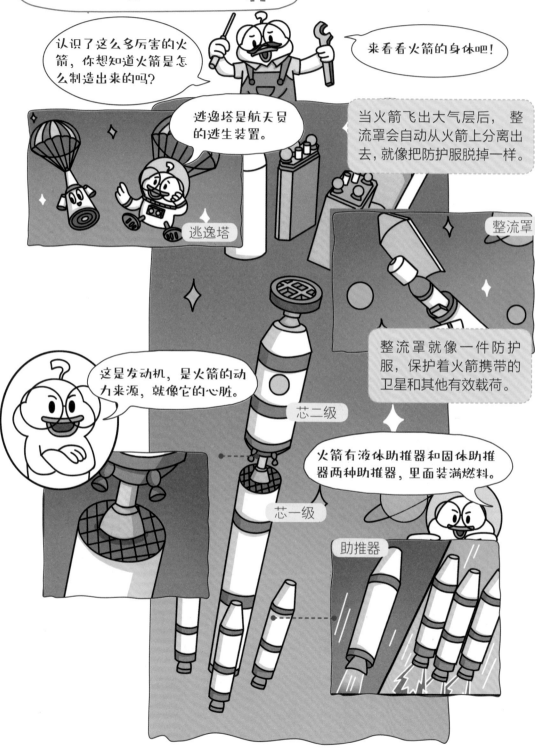

认识了这么多厉害的火箭，你想知道火箭是怎么制造出来的吗？

来看看火箭的身体吧！

逃逸塔是航天员的逃生装置。

当火箭飞出大气层后，整流罩会自动从火箭上分离出去，就像把防护服脱掉一样。

逃逸塔

整流罩

整流罩就像一件防护服，保护着火箭携带的卫星和其他有效载荷。

这是发动机，是火箭的动力来源，就像它的心脏。

芯二级

芯一级

火箭有液体助推器和固体助推器两种助推器，里面装满燃料。

助推器

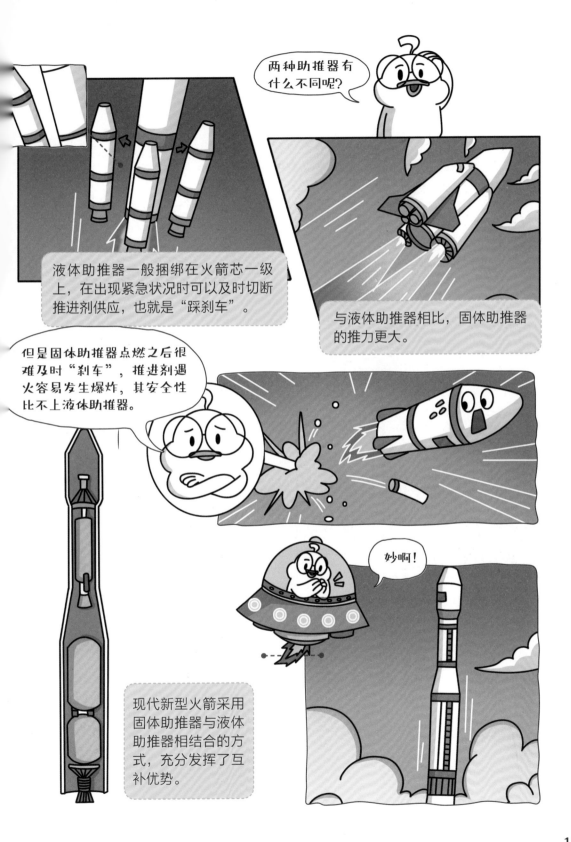

两种助推器有什么不同呢?

液体助推器一般捆绑在火箭芯一级上,在出现紧急状况时可以及时切断推进剂供应,也就是"踩刹车"。

与液体助推器相比,固体助推器的推力更大。

但是固体助推器点燃之后很难及时"刹车",推进剂遇火容易发生爆炸,其安全性比不上液体助推器。

妙啊!

现代新型火箭采用固体助推器与液体助推器相结合的方式,充分发挥了互补优势。

火箭头为什么有圆有尖？

你注意过高铁和飞机的头部形状吗？没错，它们都是流线型的，这样可以减小行驶时空气造成的阻力，火箭头也是这样的。

VS

火箭头一般分为两种：圆头和尖头。

尖头就像在头上装了一根大号避雷针，其实是前面我们讲到的逃逸塔。而圆头其实是火箭的整流罩。整流罩的形状并不相同。

形状如水滴，能够减小空气阻力和噪声，减小箭体结构受到的压力。

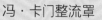

冯·卡门整流罩

虽然比冯·卡门整流罩的保护效果差一点儿，但简单可靠，完全满足发射要求。

圆锥结构整流罩

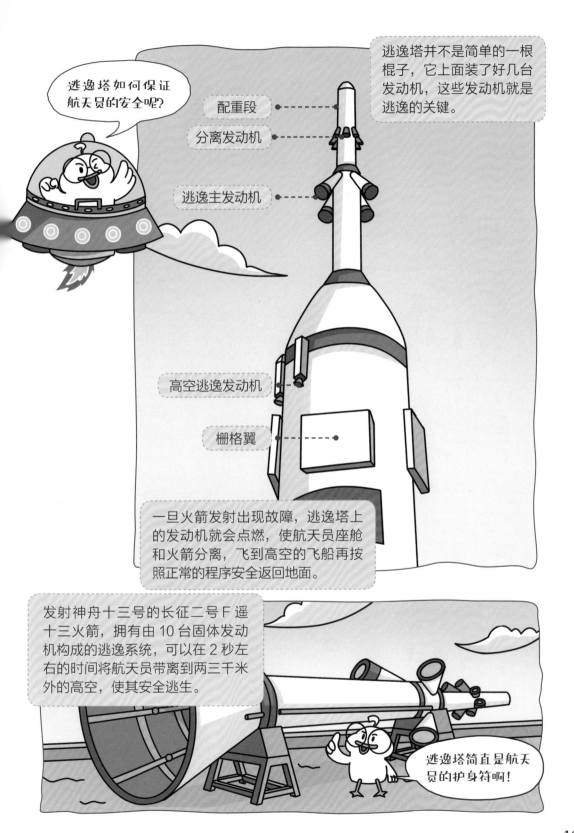

逃逸塔如何保证航天员的安全呢?

逃逸塔并不是简单的一根棍子,它上面装了好几台发动机,这些发动机就是逃逸的关键。

配重段

分离发动机

逃逸主发动机

高空逃逸发动机

栅格翼

一旦火箭发射出现故障,逃逸塔上的发动机就会点燃,使航天员座舱和火箭分离,飞到高空的飞船再按照正常的程序安全返回地面。

发射神舟十三号的长征二号F遥十三火箭,拥有由10台固体发动机构成的逃逸系统,可以在2秒左右的时间将航天员带离到两三千米外的高空,使其安全逃生。

逃逸塔简直是航天员的护身符啊!

火箭如何飞上天?

前面我们说过古代的火箭是利用火药燃烧产生的反作用力飞上天的,别看现代火箭像个巨人,它们的原理却是一样的。

我们再来看一个气球飞天的例子。

你试过给充满气的气球放气吗?气球是不是打着转飞上了天?这是什么原因呢?

同样的道理,火箭携带的燃料燃烧产生热气流,热气流高速向后喷出,产生的反作用力推动火箭向前飞行。

而且火箭有自己的燃烧剂和氧化剂,不需要空气中的氧气助燃,即使冲出了大气层依然可以飞行。这样它就可以自由地飞向太空啦!

气球被放气之后,里面的气体高速冲出,所形成的空气流对气球施加了反作用力,也叫反冲力,推动了气球上天。

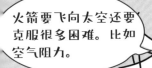

火箭要飞向太空还要克服很多困难。比如空气阻力。

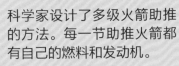

科学家设计了多级火箭助推的方法。每一节助推火箭都有自己的燃料和发动机。

还有地球引力。

火箭有自己的办法。在飞行过程中，火箭推进剂不断地消耗，火箭本身会越来越轻。

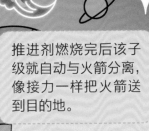

推进剂燃烧完后该子级就自动与火箭分离，像接力一样把火箭送到目的地。

火箭在哪儿发射？

小朋友，你们知道火箭是在哪儿发射的吗？

发射火箭的特定区域叫发射场。因为发射火箭是很复杂的工作，所以发射场需要满足很多条件。

发射场通常分为3种：陆地发射场、海上发射场和空中发射场。

海上发射场最大的优点是方便火箭残骸落入海洋，比如我国的海南文昌航天发射场就靠近海边。

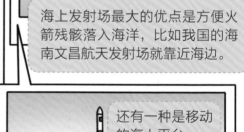

还有一种是移动的海上平台。

陆地发射场有的建在纬度低的地区，方便利用地球自转的惯性，比如四川西昌卫星发射中心。

有的建在纬度高的地区，这是为了克服地球自转的影响，比如山西太原卫星发射中心。

著名的长征十一号火箭就是在海上发射的哦！

空中发射场，也叫天基发射场。最简单的就是空间站变"发射平台"，只需要用机械臂把航天器"扔"出去就行了。

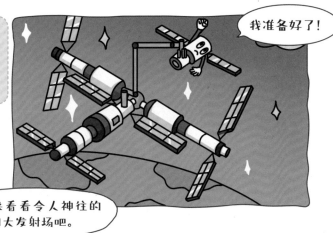

我准备好了！

下面来看看令人神往的中国四大发射场吧。

四川西昌卫星发射中心

我是"NO.100"卫星。

位于四川省凉山彝族自治州，已经成功将 100 余颗卫星送入太空。

甘肃酒泉卫星发射中心

是中国最早创建的卫星发射中心，也是中国目前唯一的载人航天发射场。

太原卫星发射中心

从这里发射了很多颗国外商业卫星，被称为"南南合作典范"基地。

海南文昌航天发射场

大海，好美啊！

这是中国首个海上发射场。

火箭要去发射场

看了发射场，你是不是更想看火箭升空了？别急，火箭平时不是停在发射场，而是要先在火箭设计制造基地生产出来，再被运输到发射场。

火箭通常有 3 种运输方式：公路运输、铁路运输、海上运输。

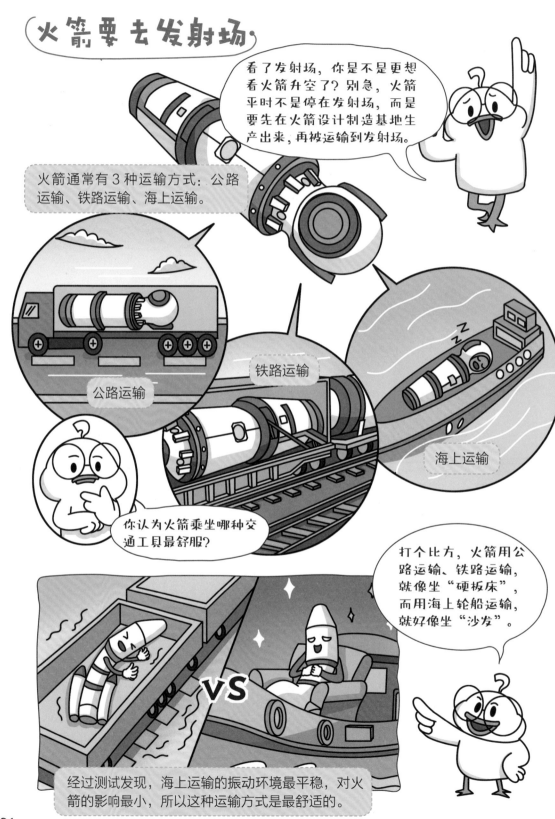

公路运输

铁路运输

海上运输

你认为火箭乘坐哪种交通工具最舒服？

打个比方，火箭用公路运输、铁路运输，就像坐"硬板床"，而用海上轮船运输，就好像坐"沙发"。

VS

经过测试发现，海上运输的振动环境最平稳，对火箭的影响最小，所以这种运输方式是最舒适的。

经过一路奔波，火箭总算到达了发射场的测试厂房，待完成总装和总测后，火箭还要被转运到发射塔。

火箭从测试厂房转运到发射塔，有"躺姿"和"站姿"两种转运方式。

"躺姿"转运又叫水平转运。火箭的各个部位"躺"在转运车上分别转运到发射区，然后在发射塔架上组装、对接和测试。

这种方式不需要建垂直总装厂房，成本低，但是用时比较长，需要 14 天左右。

"站姿"转运又叫垂直转运。火箭先在总装测试厂房内完成吊装、对接和测试，然后竖立在活动的发射平台上，被推到发射塔架上。

垂直转运能使火箭保持竖直状态不变，提高后期测试的可靠性和安全性，而且用时较短，只需要 3~7 天。我国新一代火箭普遍采用垂直转运。

虽然躺着舒服，但也要考虑效率和安全性呀！

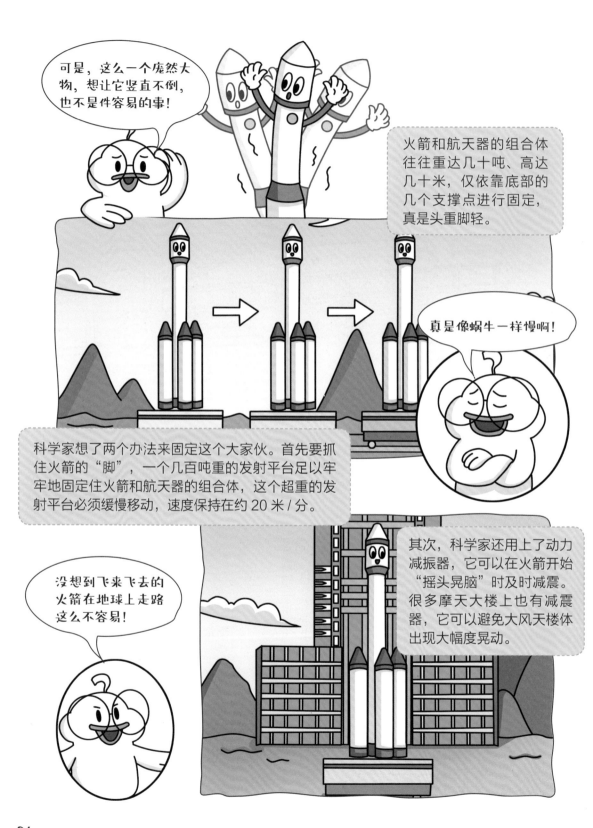

火箭也需要保护

火箭转运到测试厂房之后，如何保存又成了新的问题。

譬如长征七号甲火箭。

因为火箭非常娇贵，身上有各种电子元器件，对温度比较敏感，适宜温度应保持在十几摄氏度至二十几摄氏度。

空调

聚光灯

保暖塑料帽

防寒服

科学家为了让火箭不着凉，用了各种办法。

要说火箭身上最需要保护的部位，那就是整流罩了。因为整流罩里一般装的是卫星或飞船，它们既重要又昂贵。

科学家通常采用给整流罩内供应温暖干空气的方法来保温，就像给家里通上了暖气。

准备工作很重要

发射火箭时，天气因素非常重要，历史上就出现过温度过低导致火箭爆炸的事故。

这里风速稳定，温度正常。

空气湿度也合适。

为了预测天气，发射场建有气象塔，它能利用超声测风仪、平均场测风仪等设备获取气象信息。

发射场还建有避雷塔来监测和预报雷电天气。

发射前使用气球和风廓线雷达相结合的测风方式观测高空风。

最后一项准备工作是给火箭加注燃料。

燃料泄漏会引起火灾和爆炸等严重事故，所以这一项准备工作也是最危险的。

火箭发射前要洗澡

你知道人类能忍受的最大噪声是多少分贝吗？答案是100分贝。

那你知道我发射时的噪声有多大吗？有200分贝！

这么大的噪声不仅对人的身体有影响，而且由于存在共振现象，噪声通过发射平台最终会折回箭体，对火箭造成损坏。

火箭发射时还会产生巨大的热量，发射平台的温度瞬间接近3000摄氏度，能熔化大多数金属。

科学家应对噪声和高温的方法是——喷水。

舒服！

就像给火箭洗了一个冷水澡。

水不仅能降温，还能吸收声波，将其转化成热能。

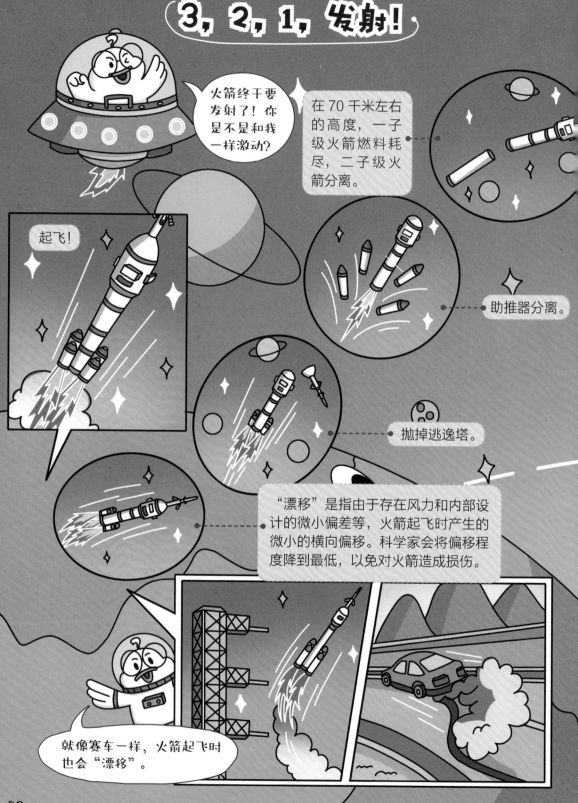

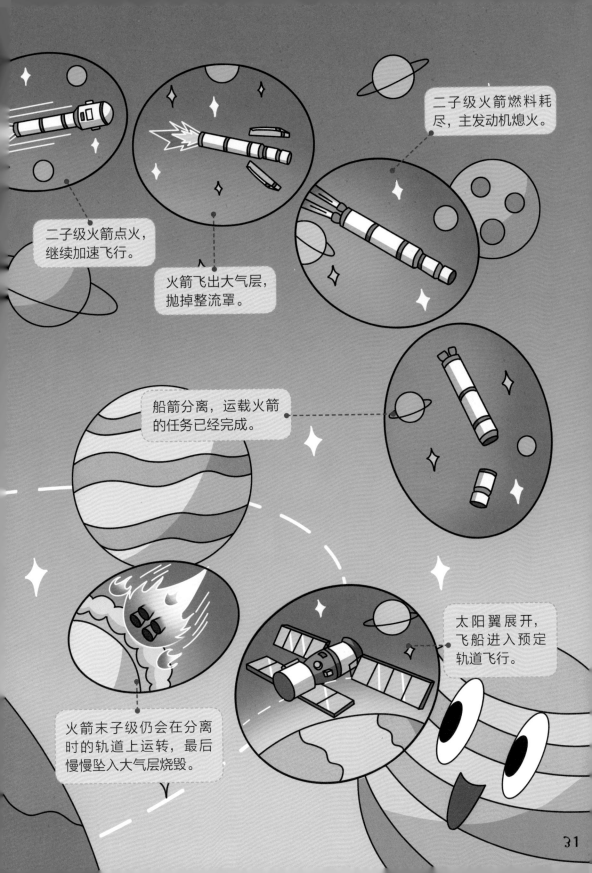

功成身退的火箭

人类的生活因为火箭而发生了翻天覆地的变化。火箭是人类的好帮手。

因为有火箭把通信卫星送上太空，我们才能打电话、看电视。

因为有火箭把航天员和飞船送上太空，人类才能探索宇宙的奥秘。

全新的资源，我来了！

地球上的资源正在不断枯竭，人类能够登上月球和其他星球寻找新的资源甚至人类未来的居住地，都有火箭的功劳。

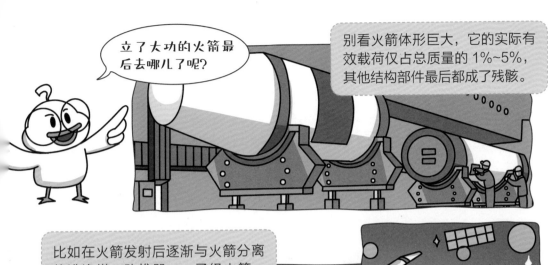

立了大功的火箭最后去哪儿了呢?

别看火箭体形巨大，它的实际有效载荷仅占总质量的 1%~5%，其他结构部件最后都成了残骸。

比如在火箭发射后逐渐与火箭分离的逃逸塔、助推器、一子级火箭、整流罩等部件，会在引力的作用下返回地球。

还有一些残骸进入太空后，成了永久的太空垃圾。

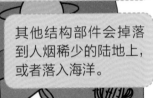

其他结构部件会掉落到人烟稀少的陆地上，或者落入海洋。

比如用网捕法清除低轨火箭残骸和报废卫星。

预计在 2027 年前后就可以把火箭的个别部件收回来啦。

人类也开始想方设法把遗落在太空的残骸收回来。

新能源火箭

高能离子火箭

优点： 利用高能离子加速器给气体电离后的离子加速，产生高能推力；它可以通过长时间加速，使火箭加速数十倍。

缺点： 推力较小。

研发进度： 目前还在试验应用阶段，只用于航天器调整姿态。

太阳能火箭

优点： 直接利用太阳能，能源利用率高，推力很大且没有污染问题。

缺点： 不能离太阳太远。

研发进度： 试验阶段。

创造未来火箭

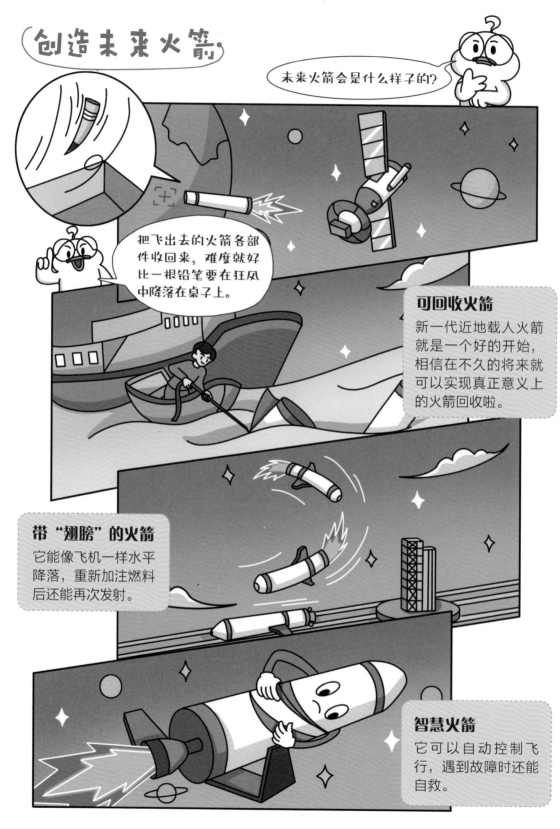

未来火箭会是什么样子的？

把飞出去的火箭各部件收回来，难度就好比一根铅笔要在狂风中降落在桌子上。

可回收火箭
新一代近地载人火箭就是一个好的开始，相信在不久的将来就可以实现真正意义上的火箭回收啦。

带"翅膀"的火箭
它能像飞机一样水平降落，重新加注燃料后还能再次发射。

智慧火箭
它可以自动控制飞行，遇到故障时还能自救。

空中加油火箭

科学家正在研制"太空燃料加注站"，它可以给太空中的其他火箭加油。

帆板火箭

帆板火箭甚至可以不用燃料，只需要携带一个用石墨烯材料制成的帆板，即可借助光照飞行，由此产生的驱动力是传统太阳能的 1000 倍以上。

要研制这些高科技的未来火箭，需要培养更多航天工程人才和科学家。

也欢迎热爱太空的你加入哦！

太空畅想